BEI GRIN MACHT SICH IHR WISSEN BEZAHLT

- Wir veröffentlichen Ihre Hausarbeit, Bachelor- und Masterarbeit

- Ihr eigenes eBook und Buch - weltweit in allen wichtigen Shops

- Verdienen Sie an jedem Verkauf

Jetzt bei www.GRIN.com hochladen und kostenlos publizieren

Benjamin Liedtke

Das Geographiebuch - ein verzichtbares Medium?

Zur Zukunft des Schulbuchs - Ebook vs. Schulbuch

GRIN Verlag

Bibliografische Information der Deutschen Nationalbibliothek:

Die Deutsche Bibliothek verzeichnet diese Publikation in der Deutschen National-
bibliografie; detaillierte bibliografische Daten sind im Internet über http://dnb.d-
nb.de/ abrufbar.

Impressum:

Copyright © 2012 GRIN Verlag GmbH
Druck und Bindung: Books on Demand GmbH, Norderstedt Germany
ISBN: 978-3-656-41901-3

Das Geographiebuch – ein verzichtbares Medium?

Zur Zukunft des Schulbuchs – Ebook vs. Schulbuch

Inhalt

1. Einleitung

Die heutige Gesellschaft ist von Technologie geprägt. Sowohl in der Arbeitswelt, als auch in den privaten Haushalten ist ein Leben ohne Computer, Internet, Smartphones, etc. kaum noch denkbar. Lediglich innerhalb der Organisation Schule hat das Schulbuch bisher als Leitmedium einen festen Platz. Im Zuge der sich stetig verändernden Gesellschaft ist es notwendig, das Medium Schulbuch im Kontext mit anderen Medien zu betrachten. Dies scheint im Bereich der Schule schon insofern notwendig, als es gerade die heutige Jugend ist, die in einer von Technik geformten Welt aufwächst. Neue Medien wie Computer und Internet sind in ihrer Umwelt allgegenwärtig und tragen zu ihrem Lernprozess bei. Dies hat folglich auch Konsequenzen für ihr Lernverhalten. Trotzdem ist das gedruckte Buch aus vielen Bereichen nicht mehr wegzudenken. Ein Pionier dieser Technik, Bill Gates, sagt dazu: „Reading on paper is so much a part of our lives that it is hard to imagine anything could ever replace inky marks on shredded trees."[1] Deshalb widmet sich diese Arbeit der Frage: „Das Geographiebuch – ein verzichtbares Medium?" Im Folgenden soll zunächst dargelegt werden, was ein Leitmedium genau ist und warum das gedruckte Schulbuch diese Position noch immer inne hat. Darüber hinaus werden aber auch die Grenzen des Schulbuchs aufgezeigt. Im darauffolgenden Abschnitt wird dann der Medial – Kulturelle Wandel seit Durchsetzung des Internets betrachtet. Hier stehen vor allem die veränderten Mediennutzungspraktiken der Jugendlichen im Vordergrund, die sich auch auf das Lernverhalten auswirken. In der Folge soll dann ein konkretes neues Medium, das E – Book betrachtet werden. Hier stehen die Vor – und Nachteile gegenüber dem gedruckten Buch im Vordergrund. Abschließend soll zu der Ausgangsfrage, der Zukunft des Schulbuchs, Stellung bezogen werden. Hier werden nochmal Vor – und Nachteile des Schulbuchs und neuer Medien im Allgemeinen aufgezeigt ,um abschließend zu einer Prognose für die Zukunft des Schulbuchs zu kommen.

---

[1] Bill Gates (1999): Beyond Gutenberg. Online verfügbar unter
http://www.microsoft.com/presspass/ofnote/11-19billg.mspx, zuletzt geprüft am 05.09.2012.

2. Das Schulbuch als Leitmedium

Das Schulbuch hat bis in die Gegenwart hinein eine besondere Position in deutschen Klassenzimmern. Nach Hiller stellt es als staatlich legitimiertes Lernmittel im Unterricht ein Leitmedium für den Unterricht dar.[2] Durch die Legitimation über die Bildungspolitik wird es gegenüber anderen Lernmitteln aufgewertet und gilt somit als das wichtigste Lernmittel. Um die Bedeutung des Schulbuchs deutlich zu machen, muss zunächst einmal bestimmt werden was Leitmedien überhaupt sind und wieso das Schulbuch als ein solches Leitmedium bezeichnet wird.

„Leitmedien sind Resultate gesellschaftlicher und medialer Entwicklungen, Machtprozesse und Selektionen. Sie bieten dem Nutzer Komplexitätsreduktionen und Vorteile für bestimmte Problemlösungen, garantieren Sicherheit und finden gesellschaftliche Akzeptanz, Institutionalisierung und Legitimation.[3]"Aufgrund der Informationsfülle rückt insbesondere die Selektion als wichtigstes Merkmal eines Leitmediums in den Vordergrund. Dabei wird innerhalb einer Kultur bzw. einer Gesellschaft ein Selektionsprozess in Gang gesetzt, der ein Medium an die Spitze der Hierarchie relevanter Medien setzt und somit als Leitmedium bezeichnet wird. Die Herausbildung eines Leitmediums ist dabei ein historisch nachzuvollziehendes Phänomen. Aufgrund des begrenzten Umfangs dieser Arbeit wird das Schulbuch aktuell als Leitmedium innerhalb der Schulkultur Deutschlands als gegeben vorausgesetzt und es wird auf die historische Darstellung verzichtet.

a. Charakteristika und Funktionen des Leitmediums Schulbuch

Bullinger, Hieber und Lenz[4] formulieren für das Schulbuch als Leitmedium verschiedene Funktionen, die charakteristisch sind. Schulbücher bieten Strukturierung. Sie gliedern die Inhalte der Lehrpläne und bringen die verschiedenen Einzelteile in eine sinnvolle Reihenfolge.

---

[2] Hiller, Andreas (2012): Das Schulbuch zwischen Internet und Bildungspolitik. Konsequenzen für das Schulbuch als Leitmedium und die Rolle des Staates in der Schulbildung. Marburg: Tectum. S.146

[3] Hiller, Andreas (2012): S.147

[4] Bullinger, R.; Hieber, R.; Lenz, T. (2005): Das Geographiebuch – ein (un)verzichtbares Medium(!)?. Geographie heute 231/232. 2005. S.67-71

Sie erleichtern zum Einen die Planungsarbeit für den Lehrer, der zu jederzeit eine Verknüpfung zu den Lehrplänen hat, zum Anderen lassen sie durch ihre offene Struktur die Möglichkeit zur Auswahl und Verwendung der angebotenen Materialien.

Des Weiteren hat das Schulbuch eine Repräsentationsfunktion. Durch eine große Vielfalt an Materialien, bestehend aus Bildern, Quellentexten, Karten, Statistiken, Grafiken, Querschnitten, usw. wird ein Bezug zur räumlichen Wirklichkeit hergestellt und der Lehrkraft viele Ideen und Hilfestellungen zur Unterrichtsgestaltung geboten.

Durch Auswahl und Anordnung der Unterrichtsmaterialien ist eine doppelte Steuerungsfunktion gegeben. Zum einen werden in Deutschland Schulbücher einem Zulassungsverfahren unterzogen welches dafür sorgt, dass die staatlich konzipierten Bildungsstandards unabhängig vom Lehrer auch Einzug in den Unterricht erhalten. Zum Anderen bieten Schulbücher eine Steuerungsfunktion für den Schüler, der Information entdecken und entnehmen möchte und somit auch in seiner Selbstständigkeit gestärkt wird, da er weniger abhängig von der Lehrkraft ist. Das dem Schüler und dem Lehrer die Information zur Verfügung gestellt werden können setzt eine weitere didaktische Funktion voraus. Schulbücher reduzieren thematische Inhalte unter den Gesichtspunkten Exemplarität, Schülerbezug oder Gegenwarts – und Zukunftsbedeutung.

Das Schulbuch ist in erster Linie ein Buch für den Schüler und bietet durch die Schülerorientierung und die verschiedenen Einstiegsseiten, sowie Aufgaben mit Aufforderungscharakter eine hohe Motivation für den Schüler. Die ist erforderlich, um zu einer selbstständigen häuslichen Arbeit anzuregen. Neben der Motivationsfunktion bietet das Schulbuch, ganz klassisch, eine Übungs – und Kontrollfunktion. Hier steht vor allem die Nachbereitung im Vordergrund. Der Schüler bekommt mit dem Schulbuch die Möglichkeit Gelerntes zu Hause nachzuschlagen und zu vertiefen. Durch Übungsaufgaben oder vertiefende Quellen bietet das Schulbuch auch die Möglichkeit zur Selbstkontrolle.

Themenübergreifend bietet das Schulbuch die Funktion der Methodenschulung. Neben immer wiederkehrenden Fragestellungen wie „erkläre", „beschreibe", „erläutere", finden sich fachspezifische Fragestellungen wie, „Karten zeichnen", „Diagramme auswerten", oder „Merkskizzen anfertigen". Die Schüler werden darin geschult, dass besondere Signalwörter in den Fragestellungen, besondere Kompetenzen und Erwartungen abfragen.

Das Schulbuch weist laut Bullinger, Hieber und Lenz abschließend noch zwei weitere Funktionen auf. Neben dem aufgreifen von Innovationen, sowohl didaktisch auch methodisch steht heute vor allem der Medienverbund im Vordergrund. Schulbücher sollen heute durch Internetergänzungen, CD – ROMs und elektronischen Arbeitsblättern, auch andere Medien einbinden und den Schüler dafür schulen.

Übergeordnet muss noch die Gesellschaftliche Funktion nach Wiater[5] genannt werden. Das Schulbuch normiert die lernenden Inhalte im Sinne der staatlichen Verfassung. Durch das Schulbuch wird gewährleistet, dass alle Schüler die gleichen Inhalte lernen und auf ein Basiswissen zurückgreifen können. Theoretisch garantiert diese Funktion die Chancengleichheit in Bezug auf Bildung.

Zusammenfassend lassen sich nach Bullinger, Hieber und Lenz die neun wesentliche Funktionen, Strukturierung, Repräsentation, Steuerung, Reduktion, Motivation, Übungs – und Kontrollangebot, Methodenschulung, Innovation und Medienverbund, für das Schulbuch voneinander unterscheiden. Hinzu kommt die gesellschaftliche Funktion nach Wiater.

b. Grenzen des Leitmediums Schulbuch

Über die verschiedenen Funktionen des Schulbuchs wird die heute noch herausragende Stellung des Mediums bereits deutlich. Allerdings nehmen Bullinger, Hieber und Lenz auch die Grenzen des Mediums Schulbuch in den Blick. Sie führen an, dass in vielen Schulbüchern das Konzept der thematischen Doppelseiten praktiziert wird.

---

[5]Wiater, W. (Hrsg.) (2003): Schulbuchforschung in Europa – Bestandsaufnahmen und Zukunftsperspektive, Ichenhausen, S.14

Das bedeutet, dass ein Thema maximal zwei Buchseiten umfasst. Zur Folge hat dieses Konzept, dass die Autoren der Schulbücher sich sehr stark bei der Materialauswahl einschränken müssen und vertiefende Betrachtungen eines Themas mit dem Buch nicht möglich sind. Es ist folglich zwingend notwendig weitere Unterrichtsmaterialen hinzu zu ziehen.

Die Aktualität der Materialien spielt insbesondere in der Geographie eine große Rolle. Ein Schulbuch kann auf aktuelle Geschehnisse nicht eingehen, folglich sind Medien, wie Tageszeitungen, Zeitschriften, Radio, Fernsehen und Internet unverzichtbar. Neben der nicht vorhandenen Tagesaktualität sorgen die langen Laufzeiten, der Zulassung und der Nutzung in den Schulen, automatisch für ein veralten der Materialien. Um Aktualität zu gewährleisten, wäre eine ständige Aktualisierung erforderlich. Dies zeigt sich aufgrund der knappen Bildungsmittel als unrealistisch. Trotz aller Anschaulichkeit, wird ein Schulbuch niemals die reale Umwelt ersetzen können. Themen aus der direkten Lebenswirklichkeit der Schüler sind dem Schulbuch immer vorzuziehen. Es ist folglich ein Ersatzmedium für die unmittelbare Anschauung. Dem Schulbuch sind vor allem auch in seinem Umfang Grenzen gesetzt. Neben der thematischen Aufbereitung wird von einem Schulbuch ebenfalls die Vermittlung der Methodenkompetenz zum selbstständigen Lernen in Form von Arbeitsmaterialien und die Möglichkeit der Selbstkontrolle durch entsprechende Materialien verlangt. Allerdings ist vor allem die Quantität der Materialien in einem Schulbuch, aufgrund des geringen Umfangs sehr begrenzt, sodass dies nur durch hinzuziehen weiterer Materialien möglich ist.

Als letzten Punkt führen Bullinger, Hieber, und Lenz die fehlende Möglichkeit an, auf individuelle Lernfähigkeiten einzugehen. Es ist innerhalb eines Schulbuchs demnach nur schwerlich möglich Differenzierungsangebote zur Verfügung zu stellen und dem individuellen Lernen Rechnung zu tragen.

3. Das Internet als neues Bildungsmedium

Es wird heutzutage häufig von einer sich stetig verändernden Gesellschaft gesprochen. Verantwortlich hierfür zeichnen sich verschiedene Begriffe und Phänomene, die vermehrt seit den 1990ern in Erscheinung treten. Schlagworte wie Globalisierung, Digitalisierung Informationsflut und Wissensgesellschaft weisen auf eine primär informationsbasierte Welt hin, in der sich gesellschaftliche Verhältnisse schnell verändern. Diese Veränderungen und die Möglichkeit schnell Informationen auszutauschen, sind auch für das Schulbuch von großer Bedeutung. Gerade mit Blick auf die Aktualität und in diesem Zusammenhang mit den Grenzen des Schulbuch, bieten die neuen Medien, insbesondere das Internet fast unbegrenzte Möglichkeiten. Bevor im nächsten Punkt das neue Medium E – Book mit dem klassischen Schulbuch verglichen wird, werden in diesem Punkt zunächst die Grundphänomene des Medial – Kulturellen – Wandels seit Durchsetzung des Internets skizziert, um einen Blick dafür zu erhalten, welche neuen Möglichkeiten, aber auch Probleme das Internet für den Bildungsbereich bietet.

Nach Hiller[6] setzen mit dem Übergang von einer industriellen zu einer nachindustriellen Gesellschaft, in den westlichen Staaten in den Jahrzehnten nach dem Zweiten Weltkrieg, grundlegende Veränderungen in dem Verhältnis zwischen Information, Wissen und Subjekt ein. Ein wichtiger Transformationsprozess wird dabei von kulturellen und medialen Veränderungen in Gang gesetzt. Ein früheres historisches Beispiel für gesellschaftliche Umbrüche im Zuge von medialen Veränderungen ist der Buchdruck. Auch heute sind Umbruchprozesse erkennbar. Dies lässt sich zunächst mal in Diskursen innerhalb der Fachliteratur feststellen. Neil Postmann spricht beispielsweise vom Technopol: „In diese Leere stößt das Technopol mit seiner Geschichte vom Fortschritt ohne Grenzen, von Rechten ohne Verantwortung und von einer Technik ohne Kosten. Der Geschichte des Technopols fehlt das moralische Fundament."[7] Ähnlich negativ äußert sich Derrick de Kerckhove dazu: „Besteht nicht das Risiko, dass wir dem Ende unserer individuellen Entscheidungsfähigkeit entgegensehen?"[8] Ohne im Detail auf die Inhalte dieser Äußerungen einzugehen, lässt sich feststellen, dass Transformationsprozesse im Gang sind, die Ängste hervorrufen. Die aus dem 1990er Jahren stammenden Äußerungen zeigen gerade zum Aufkommen des Internets eine erhebliche Skepsis.

---

[6] Hiller, Andreas (2012): S.188

[7] Postman, Neil (1991/92): Das Technopol. Die Macht der Technologien und die Entmündigung der Gesellschaft, 2. Auflage, Frankfurt a.M. Fischer Verlag S.192

[8] Kerckhove, Derrick de (1995): Schriftgeburten. Vom Alphabet zum Computer, München: Wilhelm Fink Verlag. S.195

Vierzehn Jahre nach der Äußerung von de Kerckhove spricht Pscheida vom Internet als Leitmedium in der gegenwärtigen Wissensgesellschaft.[9] Allein diese völlig unterschiedlichen Einschätzungen, über einen wissenschaftlich betrachtet sehr kurzen Zeitraum, zeigen, dass Chancen und Ängste sehr differenziert betrachtet werden können. Diese Arbeit verzichtet auf eine genaue Beschreibung des Wandels und setzt diesen als gesetzt voraus. Für das Internet als Bildungsmedium sind die veränderten Medienpraktiken bei Jugendlichen von größerer Bedeutung. Der angesprochene Wandel ist dabei vor allem für die nach 1980 Geborenen von Bedeutung. Die in der „Generation Internet"[10] Geborenen haben vor allem in der westlichen Welt die Möglichkeit in die Internetwelt hineinzuwachsen. „Sie verarbeiten extensiver und intensiver Informationen und bewegen sich in dichten Kommunikationsnetzen, leben sowohl online als auch offline wie in einer Hybrid – Existenz und wechseln zwischen beiden Sphären wie selbstverständlich hin und her."[11] Im Folgenden stellt Hiller einige Verhaltensweisen vor, die für die „Generation Internet" beim Umgang mit Medien und Wissen kennzeichnend sind und sich von der an das Buchmedium orientierten Generation unterscheiden.

Multi – Tasking: Jugendliche nutzen heute verschiedene Medienangebote gleichzeitig und verfolgen dabei mehreren Informationssträngen. Daraus entsteht die Notwendigkeit Information schneller aufzunehmen und zu verarbeiten. Jugendliche bedienen sich hier kleiner Informationseinheiten, z B. in SMS, Chatsprache und Emails. Für den Schüler hat das oftmals Aufmerksamkeitsprobleme zur Folge, da er die Technik zur Informationsaufnahme auch in der Schule anwendet und nicht mehr in der Lage ist, in längeren Abschnitten, z.B. Textlektüre vorzunehmen.

Non – lineares Rezeptionsverhalten: Aufgrund der Fülle an Daten entwickeln Jugendliche eine Scanning – Strategie. Demnach wird ein Medium nicht mehr linear von Anfang bis Ende erfasst, sondern lediglich noch Orientierungspunkte, wie Überschriften, Links und Icons.

---

[9] Pscheida, Daniela (2009): Das Internet als Leitmedium der Wissensgesellschaft und dessen Auswirkungen auf die gesellschaftliche Wissenskultur, In: Daniel / Ligensa (2009): Leitmedien. Konzepte – Relevanz – Geschichte, Band 1, Bielefeld: transcript Verlag, S. 260

[10] Hiller, Andreas (2012): S.197

[11] Palfray, John / Gasser, Urs (2008): Generation Internet. Die Digital Natives: Wie sie leben. Was sie denken. Wie sie arbeiten, München: Carl Hanser Verlag

Multimodale Verarbeitung: Durch das Internet rücken sprachliche Texte zunehmend in den Hintergrund. Medienformate wie Video, Audio und Foto gewinnen zunehmend an Bedeutung. Jugendliche entwickeln eine visuelle Kompetenz, um die Medienangebote deuten zu können. Zur Folge hat das aber auch, dass die Reizschwelle angehoben wird, was es schwerer macht Schüler für längere Textlektüren zu motivieren.

Mobiles Lernen und Arbeiten: Arbeit und Lernen ist aufgrund von mobilen Geräten heute kaum noch an räumlichen und zeitlichen Begrenzungen gebunden. Lernen und Arbeiten findet immer dort statt, wo gerade ein entsprechendes Problem oder eine Fragestellung auftaucht. Es ermöglicht dem Schüler sich mit den realen Anforderungen der Lebensumwelt zu beschäftigen.

Es lässt sich festhalten, dass es durch die Durchsetzung des Internets innerhalb der westlichen Gesellschaft zu einem Medial – Kulturellen Wandel kommt, der insbesondere bei den nach 1980 Geborenen ein verändertes Mediennutzungsverhalten hervorruft.

4. Medienvergleich Ebook vs. Schulbuch

Um sich der Frage zur Zukunft des Schulbuchs zu nähern und Stellung zu der Frage zu nehmen, ob das Geographiebuch ein verzichtbares Medium ist, betrachtet die Arbeit im Folgenden einen Konkurrenten des Mediums Schulbuch. Das E – Book (engl. = *electronic book*) ist dabei Produkt des oben beschriebenen Medial – Kulturellen Wandels und steht in Konkurrenz zum klassischen Buch. Zunächst wird kurz beschrieben, was ein E – Book ist und wieweit es sich auf dem deutschen Markt bereits durchgesetzt hat, um im Anschluss daran Vor – und Nachteile gegenüber dem klassischen Buch zu betrachten.

Das E – Book ist eine digitale Form des klassischen Buchs, wobei nicht alle digitalen Texte gleich E – Books sind. Sie sind ähnlich aufgebaut wie ein Buch z.B. durch Seitenzahlen und Inhaltsverzeichnis.Ebooks gibt es in ganz verschiedenen Formaten, die alle sehr wenig Speicherkapazität benötigen, sodass immer auch eine große Anzahl von Ebooks gespeichert werden kann. Die gängigsten Formate sind das AZW – Format (Kindle), das LIT – Format

(Microsoft Reader), das MBP – Format (Palm Reader), oder auch das PDF – Format. Alle diese Format sind vom heimischen Computer aus lesbar. Möchte man allerdings mobil mit seinem E – Book sein, benötigt man ein E – Book Reader. Hier eigenen sich u.a. auch Smartphones und Tablet – Computer. Der bekannteste und erfolgreichste E – Book Reader ist allerdings der Kindle von Amazon[12]. Es ist zur Zeit für einen Preis von 99€ zu haben. Laut Amazon übersteigt der Absatz von E-Books Ende 2010 den von gedruckten Büchern. Auf 1000 Hardcover – Bücher kamen 1430 E-Books[13].

Laut einer Statistik des Marktforschungsunternehmen GfK wurden 2009 nur 830.000 E-Books verkauft, 2010 bereits 1,86 Millionen und 2011 dann bereits schon 3,72 Millionen. Die Prognose für 2012 liegt bei 7,03 Millionen verkauften E – Books. Auch, wenn der Marktanteil in Deutschland bei nur 0,4% liegt (vgl. USA: 8,3%) zeigen diese Zahlen, dass das E – Book zunehmend als Konkurrent des gedruckten Buchs auftritt. [14]

Wo liegen die Vor – und die Nachteile des E-Books gegenüber dem gedruckten Buch? Kahlenberg[15] führt zunächst die Vorteile des E-Books auf: Ein großer Vorteil gegenüber dem gedruckten Buch liegt im gesparten Platz. Hier lassen sich, je nach Speichergröße, tausende von Büchern platzsparend archivieren und sind jederzeit und überall für den Nutzer verfügbar. Auch der Zugang zum Buch selbst, ist dank W – Lan und mobilem Internet in Sekundenschnelle möglich. Wohingegen man beim gedruckten Buch zunächst eine Bibliothek oder eine Buchhandlung aufsuchen muss. Hinzu tritt die Möglichkeit, die Texte nach bestimmten Textstellen oder Wörtern zu durchsuchen und sie anschließend auch zu markieren. Dies ist insbesondere für wissenschaftliche Arbeiten, Lexika oder jeglicher Art von Wörterbuch eine wertvolle Funktion. Des Weiteren, sind

---

[12]Amazon Newsroom (2011): Pressemeldung - Neuer 99€-Kindle ist das meistgekaufte Produkt auf Amazon.ce. Online verfügbar unter
http://www.amazonpresse.de/pressetexte/pressemeldung/year/2011/month/december/day/21/article/neuer-99EUR-kindle-istdas-meistgekaufte-produkt-auf-amazonde.html, zuletzt aktualisiert am 21.12.2011, zuletzt geprüft am 25.08.2012.
[13]Knoke, Felix (2010): Kindle-Verkaufszahlen: Amazon verkündet E-Buch-Sieg. Hg. v. SPIEGEL ONLINE. Hamburg. Online verfügbar unter
http://www.spiegel.de/netzwelt/gadgets/0,1518,707505,00.html, zuletzt aktualisiert am 20.07.2010, zuletzt geprüft am 06.09.2012.
[14]Statistik der GfK unter: http://de.statista.com/statistik/daten/studie/202640/umfrage/kennzahlen-zum-e-book-markt-indeutschland/ (08.09.2012).
[15]Kahlenberg, Claudia (2009): Verlag 3.0 - Neue Potenziale und Grenzen für Belletritik und Sachbuchverlage. Online verfügbar unter:
http://bmb.htwkleipzig.de/fileadmin/fbmedien_bmp/downloads/Abschlussarbeiten/Verlag_3.0_Claudia_Kahlenberg_VH04.pdf, zuletzt aktualisiert am 01.03.2009, zuletzt geprüft am 07.09.2012. S. 72 ff.

viele Texte inzwischen auch kostenlos im Internet verfügbar. Hier ist das Projekt Gutenberg zu nennen, das beispielsweise Texte von Goethe, Schiller, etc. kostenlos zum Abruf zur Verfügung stellt.

Als negative Aspekte führt Kahlenberg zunächst an, dass es noch kein einheitliches Format gibt auf das sich die Hersteller geeinigt haben. Das bedeutet, dass nicht alle Formate auf allen Geräten abspielbar sind. Ein Buch hingegen benötigt kein bestimmtes Format oder Technik, um es lesen zu können. Ein Abstürzen ist bei dem gedruckten Buch auch nicht zu befürchten. Das E – Book zeigt in der Regel nur eine Seite an, wodurch es ein wenig unübersichtlicher wirkt als das gedruckte Buch. Schnelles Vor – oder Zurückblättern gestaltet sich schwierig und mal kurz den „Finger zwischen die Seiten legen" ist nicht möglich. Ein Punkt der sicherlich auch nicht außer Acht zu lassen ist, ist der Kostenfaktor. Auch wenn es nur eine einmalige Anschaffung ist, so sind die mindestens 99€ für ein E – Book auch erst einmal aufzuwenden. Für viele Leser ist auch der ästhetische Faktor einer, der sie vom Kauf eines E – Books abhält. Viele Leser wollen das Buch in der Hand halten und anschließend auch in ein Bücherregal stellen.

Was bedeuten die von Kahlenberg aufgezählten Vor – und Nachteile nun für den Schulalltag und den einzelnen Schüler? Welche der genannten Faktoren spielen in der Schule eine große Rolle?

Zunächst lässt sich feststellen, das E – Books den Unterricht in vielerlei Weise bereichern und lebensnäher gestalten können. Insbesondere in der Geographie sind durch mediale Ergänzungen kaum Grenzen gesetzt. So wird es beim Thema „Alpen" beispielsweise möglich mit Fotos und Videos direkt auf dem E – Book den Schüler ein Gefühl der Nähe zum Unterrichtsobjekt zu geben. Bei topographischen und länderbezogenen Themen sind sogar Spiele denkbar, wie „Wo liegt welche Stadt?", etc. Ein weiteres wichtiges Argument neben der Bereicherung für den Unterricht durch mediale Ergänzungen, ist der „Gewichts – und Platzfaktor." Der Schüler muss nicht für jedes einzelne Fach Bücher mitbringen. Der Schüler hat zu jeder Zeit und an jedem Ort seine Schulbücher verfügbar und muss dazu ein maximal 500 Gramm schweres Gerät mit sich tragen.

Demgegenüber steht wieder der Kostenfaktor, der gerade in der Schule ein wichtiger ist. Da die Schulen diese Aufwendungen kaum werden leisten können, werden die Kosten hierfür sicherlich auf die Elternschaft übertragen. Schüler und Lehrer sind auch an die ausgewählten E – Books gebunden. Ein Zusammenstellen von Materialien aus unterschiedlicher Literatur ist ohne gedrucktes Buch und Kopien davon kaum möglich. Es ist folglich davon auszugehen, dass ein wesentlicher Teil der Unterrichtsmaterialien dann doch aus Texten stammt, die dem Schüler in Papierform gereicht werden oder der Lehrer selbst kaum mehr Möglichkeiten besitzt seinen Unterricht nach seinen Vorstellungen zu gestalten. Dies könnte gerade im Zusammenhang mit den Bildungskompetenzen zum Problem werden, da diese viel weniger Fachinhaltliches vorgeben und das Hauptaugenmerk auf den Erwerb verschiedener Kompetenzen legen. Durch die Auswahl eines Unterrichts – E-Books ist der Lehrer in seiner Auswahl dann sehr stark an die entsprechenden Inhalte gebunden. Technikprobleme, abstürzende oder vergessene Geräte würden den Unterricht nur schwerlich möglich machen. Gehen die Schüler mit ihren E – Books ähnlich um, wie mit ihren Schulbüchern, dann werden kaputte Geräte zum Alltag in der Schule.

5. Die Zukunft des Buches in der Schule

Was bedeuten die oben genannten Ausführungen nun für die Zukunft des Schulbuchs? Im Folgenden versucht diese Arbeit zur Ausgangsfrage Stellung zu beziehen. Das Schulbuch als Leitmedium, seine Grenzen, die Möglichkeiten neuer Medien, insbesondere des E – Books und die veränderten Praktiken der Jugendlichen zur Mediennutzung bilden hier den Rahmen, um Argumente für und gegen das Schulbuch in der Zukunft zu finden.

Othmar Spachinger bezieht hier schnell Stellung: „Die „Lotsenfunktion" des Schulbuches wird auch in Zukunft unbestritten bleiben, wenn auch die didaktische Ausrichtung und Gestaltung in Verbindung mit den neuen Medien eine andere sein wird."[16]

---

[16]Spachinger, Othmar (2009): Das Schulbuch der Zukunft oder die Zukunft des Schulbuches? In: Bosse, P.: Schule aus Expertensicht. Zur Zukunft von Schule, Unterricht und Lehrerbildung. Wiesbaden. S.244

Hüppe unterstützt Spachinger und sagt zur Zukunft des Schulbuchs: „Nicht zu unterschätzen ist, dass Bücher ein Anfang und ein Ende haben und unseren grundlegenden Kultur – und Erfahrungsmustern entsprechen. Schließlich tragen auch die gewaltige Angebotsvielfalt und die im Verhältnis kostengünstigen Anschaffungskosten zu ihrer hohen Verbreitung bei. Das Schulbuch scheint Ihnen als Lehrkräften nach wie vor die verlässlichste Arbeitsumgeben zu bieten."[17]

Beide stützen ihre Aussagen auf verschiedene Argumente innerhalb der Fachliteratur zum Schulbuch und neuen Medien. Einige wesentliche Argumente sollen auch hier genannt werden.

Argumente für das Schulbuch:

- Didaktische Aufbereitung der Lernziele je nach Schulform, Schulfach und Jahrgangsstufe in Schulbüchern hilft dem Lehrer bei der langfristigen Unterrichtsplanung.
- Der Schüler kann zu jeder Zeit und ohne großen Aufwand die Inhalte des Unterrichts wiederholen und vorbereiten.
- Fachlehrstoff ist didaktisch aufbereitet, altersentsprechend und schülerorientiert und bietet deshalb die Möglichkeit selbstständig und individuell zu Lernen.
- Dient als Orientierung für Eltern und Nachhilfelehrer für die Unterrichtsinhalte.
- Das Schulbuch wird durch Lehrhandbücher, Kopiervorlagen und Arbeitshefte ergänzt, sodass der Unterricht auch in der Praxis unterstützt wird.
- Jeder Lehrer und Schüler kann unter verschiedenen zugelassenen Büchern auswählen. Der Lehrer hat auch die Möglichkeit Inhalte aus verschiedenen Büchern zu mixen.
- Schulbücher sind jederzeit im Unterricht einsetzbar.

---

[17]Hüppe, Martin (2010): Zur Zukunft des Buches in der Schule. In: Gauger, J-D.; Kraus, J.,Bildung und Unterricht in Zeiten von Google und Wikipedia. Konrad - Adenauer – Stiftung e.V., Sankt Augustin / Berlin. S.91

Argumente gegen das Schulbuch:

- Das Schulbuch trifft häufig die Entscheidung über die Auswahl und Anordnung der vom Lehrplan vorgegebenen Inhalte und Ziele und lässt wenig Raum für didaktische Kreativität.
- Das Schulbuch verleitet zu lehrerzentriertem Unterricht.
- Die Lernmittelfreiheit begünstigt die Verharrung auf alten Büchern. Folglich fehlt in vielen Fällen die Aktualität.

Argumente für neue Medien:

- Das Lernen ist für Schüler mit neuen Medien interessanter, motivierender und abwechslungsreicher.
- Komplexe und komplizierte Sachverhalte können besser und sachgerechter visualisiert werden.
- Die große Vielfalt des inhaltlichen Angebots ermöglicht individuelle Differenzierung, sodass der Inhalt nach Lerntempo, Lernfähigkeit und Interesse angeboten werden kann.
- Durch das Lernen über mehrere Kanäle (sehen, hören, tun) wird das vernetzte Denken gefördert und verschiedene Kompetenzen angesprochen.
- Es stehen immer die aktuellsten Daten und Informationen zur Verfügung.
- Es kann auf Inhalte zurückgegriffen werden, die im Schulbuch gar nicht oder nur teilweise zur Verfügung stehen.

Argumente gegen neue Medien:

- Neue Medien sind Hardware abhängig. Technische Probleme können für eine enorme Behinderung des Unterrichts sorgen.
- Die Fülle an Information, sowie die offene Lernumgebung begünstigen auch Unübersichtlichkeit und somit die Überforderung für Lehrer und Schüler.
- Medien wie E – Books, TabletPC`s, oder ähnliches verleiten oft zu sinnlosen Spielereien, wie sinnloses Surfen im Internet, ohne eigentlichen Lernzuwachs.

- An den Lehrer werden aufgrund der viel größeren Informationsfülle deutlich höhere Anforderungen gestellt.
- Juristische Fragen hinsichtlich der Autorenrechte und der Verwendung im Unterricht werden aufgeworfen.

Diese Arbeit zeigte in den Ausführungen deutlich, dass das Schulbuch in den deutschen Schulen noch immer das zentrale Leitmedium ist. Neue Medien, wie beispielsweise das E-Book werden in Zukunft den Unterricht ergänzen. Wie auch Spachinger wird hier davon ausgegangen, dass die „Lotsenfunktion" des Schulbuchs auch in naher Zukunft unbestritten bleiben wird. Vielmehr wird das Schulbuch als Verbundmedium für verschiedene Medien und als Leitfaden für die Unterrichtsplanung gefragt sein. Unbestritten bleibt das mediale Darreichungsformen in der Schule zunehmend bis sogar vielleicht einmal vollends digital werden. Offen bleibt die Frage mit welcher Geschwindigkeit sich dieser Prozess vollziehen wird. Es darf nicht unterschätzt werden, welche Vorrausetzungen Schulen für den Einsatz digitaler Medien schaffen müssen. Das reicht von der Lehreraus – und – weiterbildung, über die geeignete technologische Infrastruktur, die Unterrichts – und Schulorganisation bis hin zur Finanzierung bzw. dem dafür notwendigen politischen Willen. Die Geschwindigkeit der Umsetzung wird vom Zusammenspiel dieser Faktoren bestimmt sein. Abschließend wagt diese Arbeit zu behaupten, dass das gedruckte Buch in der Schule noch eine sehr große Zukunft haben wird, allerdings eingebettet in Lehr – und Lernsysteme, die über immer größer werdende digitalen Ergänzungen und Erweiterungen verfügen.

6. Literaturverzeichnis

Amazon Newsroom (2011): Pressemeldung - Neuer 99€ - Kindle ist das meistgekaufte Produkt auf Amazon.de. Online verfügbar unter http://www.amazonpresse.de/pressetexte/pressemeldung/year/2011/month/december/day/21/article/neuer-99EUR-kindle-istdas-meistgekaufte-produkt-auf-amazonde.html, zuletzt aktualisiert am 21.12.2011, zuletzt geprüft am 25.08.2012.

Bullinger, R.; Hieber, R.; Lenz, T. (2005): Das Geographiebuch – ein (un)verzichtbares Medium(!)?. Geographie heute 231/232. 2005. S.67-71

Gates, Bill (1999): Beyond Gutenberg. Online verfügbar unterhttp://www.microsoft.com/presspass/ofnote/11-19billg.mspx, zuletzt geprüft am 05.09.2012.

Hiller, Andreas (2012): Das Schulbuch zwischen Internet und Bildungspolitik. Konsequenzen für das Schulbuch als Leitmedium und die Rolle des Staates in der Schulbildung. Marburg: Tectum. S.146 - 186

Hüppe, Martin (2010): Zur Zukunft des Buches in der Schule. In: Gauger, J-D.; Kraus, J.,Bildung und Unterricht in Zeiten von Google und Wikipedia. Konrad - Adenauer – Stiftung e.V., Sankt Augustin / Berlin. S.91

Kahlenberg, Claudia (2009): Verlag 3.0 - Neue Potenziale und Grenzen für Belletritik und Sachbuchverlage. Online verfügbar unter: http://bmb.htwkleipzig.de/fileadmin/fbmedien_bmp/downloads/Abschlussarbeiten/Verlag_3.0_Claudia_Kahlenberg_VH04.pdf, zuletzt aktualisiert am 01.03.2009, zuletzt geprüft am 07.09.2012. S. 72 ff.

Kerckhove, Derrick de (1995): Schriftgeburten. Vom Alphabet zum Computer, München: Wilhelm Fink Verlag. S.195

Knoke, Felix (2010): Kindle-Verkaufszahlen: Amazon verkündet E-Buch-Sieg. Hg. v. SPIEGEL ONLINE. Hamburg. Online verfügbar unter: http://www.spiegel.de/netzwelt/gadgets/0,1518,707505,00.html, zuletzt aktualisiert am 20.07.2010, zuletzt geprüft am 06.09.2012.

Palfray, John / Gasser, Urs (2008): Generation Internet. Die Digital Natives: Wie sie leben. Was sie denken. Wie sie arbeiten, München: Carl Hanser Verlag

Postman, Neil (1991/92): Das Technopol. Die Macht der Technologien und die Entmündigung der Gesellschaft, 2. Auflage, Frankfurt a.M. Fischer Verlag S.192

Pscheida, Daniela (2009): Das Internet als Leitmedium der Wissensgesellschaft und dessen Auswirkungen auf die gesellschaftliche Wissenskultur, In: Daniel / Ligensa (2009): Leitmedien. Konzepte – Relevanz – Geschichte, Band 1, Bielefeld: transcript Verlag, S. 260

Spachinger, Othmar (2009): Das Schulbuch der Zukunft oder die Zukunft des Schulbuches? In: Bosse, P.: Schule aus Expertensicht. Zur Zukunft von Schule, Unterricht und Lehrerbildung. Wiesbaden. S.244

Wiater, W. (Hrsg.) (2003): Schulbuchforschung in Europa – Bestandsaufnahmen und Zukunftsperspektive, Ichenhausen, S.14